〔修訂版〕

世界第一簡單
電子電路

長崎綜合科學大學綜合情報學部綜合情報學科知能情報課程教授　田中賢一◎著
高山ヤマ◎作畫
大同大學機械系教授　葉隆吉◎審訂
TREND・PRO◎製作　李漢庭◎譯

漫畫➡圖解➡說明

推 薦 序

輕鬆地進入電子電路的世界

大同大學機械系教授　葉隆吉

　　本書以漫畫風格安排了一位初入高中便想加入電子社，而且對學長一見鍾情的學妹，在學長教導她學習電子電路的曖昧情境中展開。在社辦中只剩他們兩人的有趣氛圍中，由學長認真的帶領學妹（相當於讀者）學習電子電路，憨憨的學長最後有沒有意識到學妹的用心，就留給本書的讀者自己去發掘了。有趣的是在這個發掘的過程中，讀者會不知不覺地將電子電路的精要閱讀了一遍。

　　修過電子學的人閱讀本書應該會感覺輕鬆愉快，在輕鬆詼諧的對話中擺脫一般在教室裡進行的刻板式教學活動，再加上作者精心設計的內容，讓電子電路的學習變得簡單容易許多，也變得有趣了起來。作者想必教學經驗豐富，將生硬的電子電路以收音機的訊號流為主軸，很提綱挈領地整理出八種主要電路，並巧妙地穿插在漫畫中電子社社團活動的對話中。

　　此書對修過電子學的人來說，讀起來可以輕鬆愉快地做一次觀念的總整理，甚至可以發現一些過去學習中的盲點或錯誤。初學者也可以細細地品味出電子電路的精要與整體性輪廓，因而得到電子電路的精髓。藉由此書的閱讀必定更能讓你掌握電子學的重點，此書可以視為學習電子電路不可多得的輔助教材，對喜歡看漫畫的新世代讀者而言，閱讀本書後應該也會獲得一次很棒的學習經驗吧！

　　本書為了帶領讀者可以更輕鬆地進入電子電路的世界，安排了前三章預習電子電路必備的一些先修知識，包括讓讀者從基本定義了解什麼是電子電路？接著理解半導體是如何構成電子電路的重要元件（各式電晶體），然後說明學習電子電路之前必須知道的電工電路相關基本知識。有了這些預備功夫，便為本書的後續說明打下基礎，書中的說理簡要又不失精準，章節之間配合漫畫劇情發展的安排，具有下課休息與轉換學習心情的效果，閱讀起來還真覺得輕鬆愉快呢！

前言

　　電子電路是以電工電路為基礎，加上二極體、電晶體等半導體元件後，結構變得越來越複雜的積體電路。我們生活周遭中所有的電子機器，幾乎都是由電子電路所構成。

　　為了了解電子電路的基礎內容，本書以「電晶體收音機」為主題，運用簡單明瞭的漫畫來解釋其基本構造，以及它是如何發出聲音的。大部分的電子電路書籍，都會先從簡單的放大器電路開始說明，然後再慢慢接觸到複雜的電路。但是本書拋棄一貫的模式，改從訊號的流向開始說明。即解釋從由天線所接收到的電波來選擇想收聽的頻道，一直到電波被以聲音的形式播放的整個過程。因為我認為，想理解收音機的系統概要，當然要先從了解電波如何轉換為聲音的訊號處理過程開始，才能進而了解電子電路。

　　漫畫故事中設定了紫電徹和江令木彩兩位高中生主角，由他們一起來進行趣味橫生的內容解說。

　　本書乃根據我在大學講授的電子電路課程修改而成，即使是高職學生、甚至是初學者都能輕鬆了解。

　　在此感謝作畫的高山ヤマ先生，製作公司 Trend Pro，以及給我執筆機會的 Ohm 社。同時也感謝各位購買閱讀本書的讀者。若各位因此對電子電路產生興趣，將是我最大的喜悅。

田中賢一

目錄

序幕
CHAPTER 00

心跳一百☆新社員

有空過來看看啊！

好啊。

再見～

呃……鉗子在哪呢……

鉗子……有了！

那個，

有事嗎……？

啊，

那個那個那個……

……

社員招募

嗯？

難道是想入社……？

咦!?

啊，對、對！

沒錯！

真是太好了，我一直在等人加入呢。

妳也喜歡電子電工嗎？

4

我想想，總之，

妳想加入社團，但是什麼都不知道，所以希望我能教妳關於電子的各種知識……是這樣嗎？

就是這樣！就就就～是～這～樣～

微笑

嗯！好啊！

哈——

但是這樣不好吧？

我真的完全沒接觸過耶……

首先呢……對了！來學著做簡單的收音機好了！這樣就能學到電子電路的基礎知識囉！

握拳

我會教妳很多東西，沒問題的！

真—
真的可以嗎？

當然。

說起來有點不好意思，但至今這個社團一直都只有我一個人……其實還蠻很寂寞的。

我叫紫電 徹，代表整個社團歡迎妳加入。

入社 OK……!?
一直只有一個人……!?
那就是說，
如果我入社，

就是兩人獨處 !?!!

倒地

咦
?!!

沒、

沒事吧？

我……
我沒事
～嘿嘿……

真是個
怪女生……

對了，
妳叫什麼名字啊？

哇！

我、

我是一年級的
……江令木彩
……

小彩啊……

請多指教囉！

電子社

社員招募

是！

8

第1章

什麼是電子電路？

1 何謂電子電路

在說明電子電路之前，我要先說明電工電路。妳知道這兩者的差別在哪裡嗎？

電子電路跟電工電路……不一樣嗎？

咦？

……啊？

電工電路就是由
・電阻（*R*）
・電感（*L*）
・電容（*C*）
三種元件所構成的電路。

電工電路（*RLC* 並聯電路）

……啊？

另一方面，

電子電路就是在電阻・電感・電容之外還加入**電晶體、二極體**等**半導體元件**的電路。

電子電路（直線檢波電路）

把這些差別整理成表格，就像這樣囉！

電工電路與電子電路內含元件的差異

元件	單位	電工電路	電子電路
電阻（R）	[Ω]歐姆	○	○
電感（L）	[H]亨利	○	○
電容（C）	[F]法拉	○	○
二極體	不一定	×	○
電晶體	不一定	×	○
其它半導體元件	不一定	×	○

元件在電路圖上的標示如下。

原來是電路裡的元件不一樣啊！

(c)電容器（電容）

(a)電阻　　(b)電感（線圈）

(d)二極體　　(e)電晶體

(f)直流電源　　(g)交流電源　　(h)電流源

知道哪裡不一樣之後，就來說明電子電路吧！

但是電子電路的種類其實也是五花八門，大致上可以分為八種。接著就來一一說明特徵吧！

八種……

①放大電路
②振盪電路
③調變電路
④解調電路
⑤濾波器
⑥運算放大器
⑦邏輯電路
⑧電源電路

2 各種電子電路

首先是**放大電路**。這是最基本的電子電路，負責放大輸出訊號的喔！

放大，但訊號會跟原來一樣……放大輸入訊號嗎？

對！像收音機和電視，會把收到的聲音訊號放大到人類耳朵可以聽得見的程度！

……我好像常常聽到 AMP 這個名詞的說……

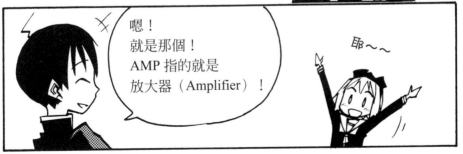

嗯！就是那個！AMP 指的就是放大器（Amplifier）！

耶～～

〈振盪電路〉

再來是**振盪電路**。

就是會振盪的電路嗎？！

呃⋯⋯
這樣說也對啦⋯⋯

振盪電路呢，

就是在完全沒有輸入訊號的狀況下產生交流訊號的電路，可以用在手機之類的物品上面。

喔喔～

它可以產生正弦波、鋸齒波等週期性的波動喔！

正弦波

鋸齒波

好方便喔！

14

第三個是**調變電路**。

電視和廣播要傳送聲音訊號的時候，一定要以高頻電波傳遞訊號，

〈調變電路〉

用來調變高頻振幅的大小跟頻率的就是調變電路喔。

是、是這樣嗎？

還有，振幅調變簡稱 AM，頻率調變簡稱 FM，這樣比較有印象吧？

廣播對吧！那個我知道！

〈解調電路〉

第四種是**解調電路**，電視和收音機收到訊號之後，要靠它來擷取畫面跟聲音。

解開調變，所以叫作「解調」對吧！

沒錯！

〈濾波器〉

然後第五種是**濾波器**。

濾波器又是什麼呢？嗯……

妳要開始聽廣播節目的時候會怎麼做？

呃……我想想……

首先會戴上耳機，和外界隔絕……

現在的我只有雙耳而已！

這樣才算準備齊全，可以讓心靈完全沉浸在廣播世界裡！

……

應該要先打開開關，選頻道才對……

啊。

這樣聽廣播是不錯啦，不過……

嚇！

濾波器就是用來固定擷取妳想聽節目的頻率訊號！

80

原來如此！

就像泡咖啡的時候要用濾紙過濾咖啡粉，

濾波器的功能大概就像這樣吧。

是喔～～

好想喝喔……

滴答滴答

〈運算放大器〉

接下來是第六種，

運算放大器。

也有人叫它作
OPAMP。

AMP？

這跟放大電路
有什麼不同呢？

運算放大器
是一種積體電路，

也是高性能的
放大電路。

嗯！

把它當成一種放大電路
來用，那麼運算放大器
的輸入側與輸出側就不
會互相影響。

所以用它就可以製作
微分電路、積分電路、
振盪電路等電路囉。

微分……
積分……

大家同心協
力，就無所
不能對吧！

就是
這樣啦！

〈邏輯電路〉

接著是第七種**邏輯電路**。

邏輯電路就是……

不行～!!!

怎麼突然大叫啊!?

嗚嗚

抖　抖

其實……我最怕邏輯這些有的沒的了!!!

沒問題啦!

這裡說的「邏輯」一點都不複雜,主要只有三個特徵而已!

三個!?

1.加算電路
2.乘算電路
3.記憶數字和文字的電路

邏輯電路的主要特徵只有這些而已。

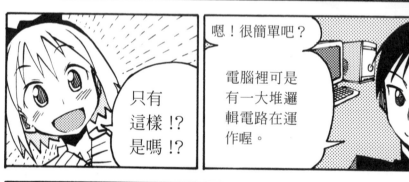

只有這樣!?是嗎!?

嗯!很簡單吧?

電腦裡可是有一大堆邏輯電路在運作喔。

是喔～

原來是這樣啊——!

拍打

拍打

哇哇哇

〈電源電路〉

最後是**電源電路**，我想這妳應該知道吧。

是什麼東西呢？

最常見的就是**AC轉換器**了。

拿

轉換器！這個是……機器的電源嗎？

是啊……這就是電源電路。它可以把插座供應的**交流**電轉換成**直流**電。

哇～

要把交流轉換成直流，必須先通過整流電路，截掉負電壓成分，再用平流電路把波型整平，

這樣才能輸出一定的直流電壓。

(a)交流

(b)直流

喔喔～

AC 轉換器裡面就是在做這些動作喔。

拿

22

3 以收音機為例

讓我們把剛才所說明的東西套用在收音機上吧!

收音機會收取妳想聽的頻道訊號,再把訊號轉換成可以聽到的聲音。

是的!

把它的構造加以簡化, 就會變成下面這個樣子。

① 收訊天線

⑤ 揚聲器

② 調諧放大電路

③ 解調電路

④ 低頻放大電路

接著來進一步做詳細
說明吧！

①用天線接收電波

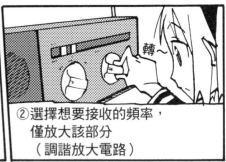

轉

②選擇想要接收的頻率，
僅放大該部分
（調諧放大電路）

③從調諧放大電路所取得的訊號中
擷取聲音訊號，是由解調電路來
執行動作

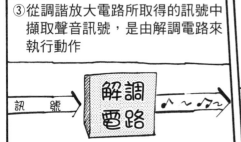

訊　號　→

解調
電路

④將擷取出來的聲音訊號放大到
人耳可以聽見的程度
（低頻放大電路）

⑤用揚聲器放出放大後的訊號

這就是收音機
的構造了！

這樣妳清楚了嗎？

嗯……
大概吧。

怎麼樣……？
這樣會不會
太枯燥了？

怎麼會！
……我是說，

我非～常！
非～～～～
常地開心啊！

啊、
是嗎？

所以!!!
明天也……
也……!!!

咱

也

咦?!

驚

明天也……

也……可以來這邊嗎……？

當然！因為妳已經是電子社的一員囉！

握

噗～～

!?

以、以噢請多多指要！！（以後請多多指教）

沒事吧？

緊握～～

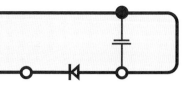

延伸說明

▷ 運算放大器…終極放大電路

圖 1-A1 所示為運算放大器。這個運算放大器的主要特徵如下。

1. **放大率**極高（$A \geq 2 \times 10^5$）。
2. **假想接地**成立（可以將 v_+ 的電極接地，把 v_+ 和 v_- 的**電位差**當作 0）
3. **輸出阻抗低**（也是上述 2 成立的前提條件）。

利用這三種性質就能形成各種電路。比方說像圖 1-A2，可以連接 R 和 C 來製作積分電路，如此一來，輸出電壓就會與輸入電壓的積分值成正比。它另外還有一種性質，如果將圖 1-A2 的**積分電路**中的 R 與 C 交換，就會成為**微分電路**。

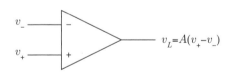

●圖 1-A1　運算放大器構造圖

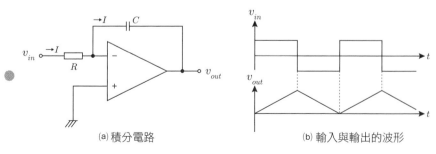

(a) 積分電路　　　　　　　(b) 輸入與輸出的波形

●圖 1-A2　積分電路

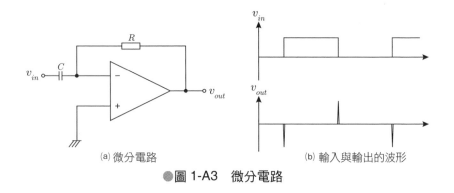

(a) 微分電路　　　　　　　　　　(b) 輸入與輸出的波形

●圖 1-A3　微分電路

　　圖 1-A4 是所謂的**韋恩電橋振盪器**。它的輸入僅靠輸出電壓回饋供給，實際的輸出為正弦波交流電。大學和高職實驗室裡的交流振盪器大多由這類電路所構成。

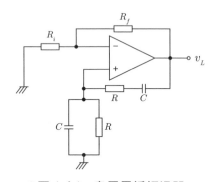

●圖 1-A4　韋恩電橋振盪器

所以使用運算放大器就能形成各種電路。

▷ 邏輯電路

　　如前所述，電腦裡也有邏輯電路，它是一種表示 0 與 1 的電路。這裡的 0 是指 0[V]（伏特）的低電壓，1 是指 5[V]的高電壓，代表兩種訊號（此狀態稱為正邏輯）。所以邏輯電路所構成的電路也稱為**數位電路**。

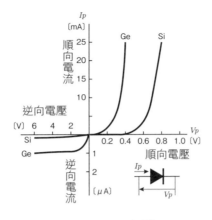

●圖 1-A5　二極體

　　圖 1-A5 表示**二極體**。二極體有一種性質，電流只能依三角形的指向流動，反過來則有電流無法流通的性質。利用這點就可以製作執行**邏輯和**（OR）與**邏輯積**（AND）電路。

　　圖 1-A6 表示邏輯積（**AND**）**電路**。當 A 與 B 同為 1，該電路的輸出 V_0 才會是 1。也就是說，當 A 與 B 都是 1，二極體都沒有順向電壓、不導通，V_{CC} 電壓就會等同於 V_0 電壓。如果 A 與 B 其中之一為輸入 0，二極體就會導通，造成二極體兩端電壓變小，使 V_0 為 0。

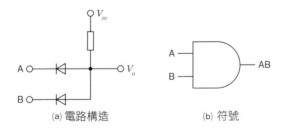

(a) 電路構造　　　　　　(b) 符號

●圖 1-A6　AND 電路

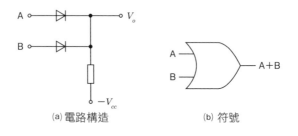

(a) 電路構造   (b) 符號

●圖 1-A7　OR 電路

　　圖 1-A7 是邏輯和（OR）電路。只要該電路之輸入至少有一個爲 1，輸出就會是 1，只有當兩個輸入都爲 0，輸出才會爲 0。當任一個輸入爲 1，二極體就會導通，使 V_0 爲 1。如果其中一個輸入是 1，輸入 1 側的二極體會導通，使 V_0 爲 1，但是輸入 0 側的二極體則不導通。只有兩邊輸入都爲 0，電流才能通過二極體，導通 $-V_{CC}$，使輸出爲 0。

　　圖 1-A8 是否定（NOT）電路。當它的輸入爲 0，輸出就是 1；輸入爲 1，輸出就是 0。這時不能使用二極體和電阻，所以要以電晶體取代**二極體**。當對 A 輸入 1，**電晶體**的基極與射極之間會產生順向電流，所以 V_{CC} 會透過集極往射極流通電流。這時候集極與射極之間的電壓爲 0，所以 V_0 爲 0。反之當 A 輸入 0，電晶體的基極與射極之間不會有順向電流，V_{CC} 也不會透過集極往射極流通電流。所以 V_{CC} 的電壓會直接傳達到 V_0，於是 A 輸入 0 的時候 V_0 爲 1。

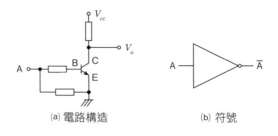

(a) 電路構造   (b) 符號

●圖 1-A8　NOT 電路

第2章

電晶體的構造

1 何謂半導體？

今天
我們來學學
「**電晶體**」吧。

好！

學電晶體之前
一定要先搞懂
「**半導體**」。

妳知道半
導體是什
麼嗎？

這個……
不太熟
呢。

半導體
啊，

就是性質介於「**導
體**」與「**絕緣體**」
間的東西喔。

「**導體**」？
「**絕緣體**」？

首先，

像金屬這種電流容易流通的物質就稱為導體。

導體

另外，

像玻璃、橡膠之類電流不易流通的物質則稱為絕緣體。

絕緣體

半導體的性質介於兩者之間。

中間……

電晶體所用的**矽**和**鍺**都是一種半導體喔。

36

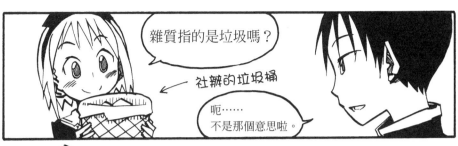

〈P型半導體〉 首先，掺雜比**矽**少1個的有3個價電子的13族元素「鋁」看看。

這就是雜質囉！

丟

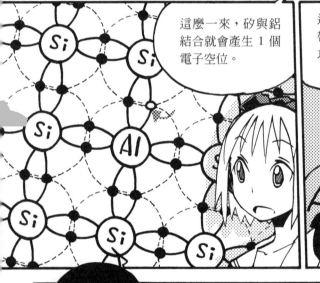

這麼一來，矽與鋁結合就會產生1個電子空位。

這個空位稱為「**電洞**」，帶正電，與自由電子的功能類似。

因此就能提高半導體的導電性。

了解。

這種半導體就叫作「**P型半導體**」。

2 PN 接合型半導體

像這樣，把P型半導體和N型半導體組合在一起，就可以製作二極體、電晶體這些**半導體元件**。

這種結合就稱為「**PN 接合**」哦。

P型 N型

所以……如果學長是P型，我是N型……

握緊

咦？

沒有、沒有啦！其實我是 M*，絕對不是 S*喔！

妳在說什麼啊？是 P 和 N 才對……！

啊!?

*M 是指被虐者。
*S 是指施虐者。

〈偏壓〉

二……二極體有什麼特徵呢？

嗯。

嚇死人了……

二極體具有只允許單方向電流經過的「**整流作用**」性質。

整流作用！

以二極體來說，要以 P 型端連接正電極，N 型端連接負電極，電流才會流通。

電　流

P 型　N 型

這種施加電壓的方式就稱爲「**順向偏壓**」。

了解！

反過來說，

如果 P 型端連接負電極，N 型端連接正電極，電流就幾乎無法流通。

這種電壓施加方式稱爲「逆向偏壓」。

跟剛剛完全相反呢！

像這樣的二極體導電特性可以畫成下面這張表。

從正 0.6V 開始，電流突然就變大了！

沒錯。

如果反向接上直流電流，就幾乎沒有電流了。

二極體的導電特性

〈整流電路〉

利用這種性質，就可以製作整流電路，限制單一方向的電流。

交流就變成直流了呢！

順便問妳，P型半導體和N型半導體的「P」和「N」是什麼意思，妳知道嗎？

什麼意思呢？

「P」是「Positive」（積極），「N」是「Negative」（消極），就是這意思！

閃亮～！

「積極」！

跟「消極」對吧……

好厲害啊……

3 雙極電晶體

接下來終於要進入電晶體了。

好的！

電晶體就像是控制電流的開關。

電晶體分成「**PNP 型**」和「**NPN 型**」。

開關是嗎？

P 型……N 型……就是組合 P 型半導體跟 N 型半導體嗎？

沒錯！

〈PNP 型電晶體〉

我們接上 **PNP 型電晶體**看看。

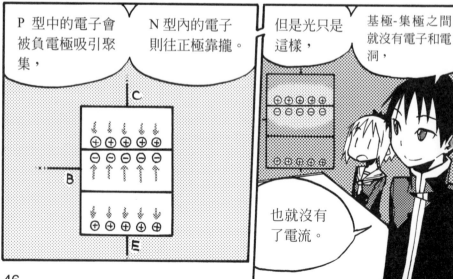

P 型中的電子會被負電極吸引聚集，

N 型內的電子則往正極靠攏。

但是光只是這樣，

基極-集極之間就沒有電子和電洞，

也就沒有了電流。

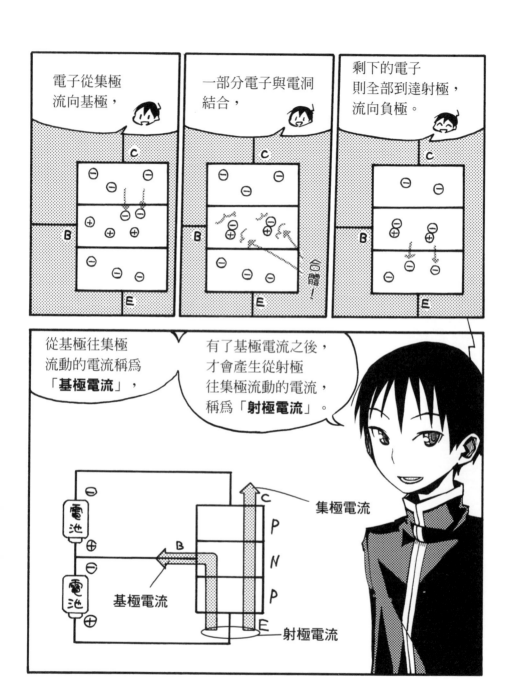

48

有了**基極電流**，才會產生**射極電流**對吧！

沒錯！

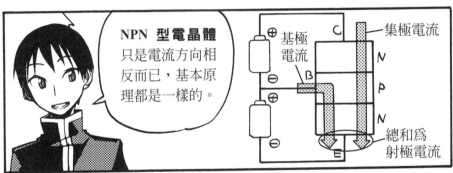

NPN 型電晶體只是電流方向相反而已，基本原理都是一樣的。

基極電流

集極電流

總和為射極電流

C

N

P

N

B

調整基極電流，就可以調整射極電流的大小。

具體來說，只要在基極-射極之間施加 0.7V 以上的電流，就會產生射極電流了。

原來如此，所以才能當開關啊！

半導體元件的
基礎說完了……
聽得懂嗎?

那就實際
開始做做
看吧,

收音機!

嗯!
沒問題!

咦,
啊!
是!

對了！

妳家就住
這附近嗎？

沒有啊！

從這裡回家
要兩小時！

也太遠了吧!?
那爲什麼要特地
跑來這裡呢？

因爲，
兩個人回家比一個
人回家要開心啊！

這樣說是沒錯啦……

可是妳接下來
有什麼打算啊？

咦!?

那……
我可以去你家
打擾一下嗎!?

不行！

絕對不行！

天色太晚就危險了，
妳一定要回家！

唔……

52

▷ J-FET 的構造與原理

　　J-FET 就是接合型場效電晶體（Junction Field Effect Transistor）的簡稱。其構造如圖 2-A1 所示。它是由上面有**源極**電極（S）與**汲極**電極（D）的 N 型半導體所構成的薄層，此薄層稱為 N 通道。薄層上面結合兩個 P 型半導體，再以電極連接，該電極被稱為**閘極**（G）。

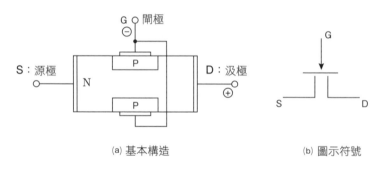

(a) 基本構造　　　　　　　　　(b) 圖示符號

●圖 2-A1　J-FET 構造圖

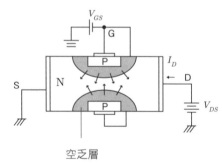

●圖 2-A2　J-FET 原理圖

圖 2-A2 表示 J-FET 的原理圖。首先，在閘極與源極之間施加逆向**偏壓**（用以啓動電晶體的直流電壓）V_{GS}。如此一來，閘極的 P 型半導體與 N 通道之間就會形成空乏層。從汲極流向源極的電流，即汲極電流 I_D 會穿過 N 通道部分。

但是當 V_{DS} 保持定值的狀況時，V_{GS} 越大，空乏層範圍就越大。如果空乏層大到堵塞到 N 通道時，汲極電流 I_D 就會消失。這個 $I_D = 0$ 時的 V_{GS} 稱爲夾止電壓。只要 V_{GS} 在**夾止電壓**以下的大小，都屬於可運用範圍。

J-FET 的特色就是幾乎不會從閘極流出電流，而是用閘極電壓來控制汲極電流。

▷ MOS-FET

MOS-FET 的 MOS 就是金屬（Metal）、氧化物（Oxide）、半導體（Semiconductor）的縮寫，代表 MOS-FET 由這三種物質層所構成。圖 2-A3 所示爲它的構造圖。

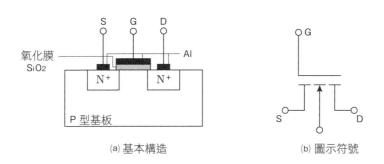

(a) 基本構造　　　　　　　　(b) 圖示符號

●圖 2-A3　MOS-FET 的構造圖

像這樣，在 P 型基板上有**摻雜**（Dooping）較多的 N 型半導體以形成源極與汲極，這部分寫作 N^+。閘極則是在電極與 P 型基板之間包夾氧化膜（**二氧化矽**：SiO_2）而成。

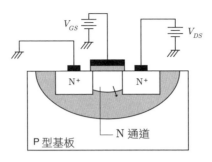

●圖 2-A4　MOS-FET 的原理圖

　　當閘極未施加電壓的時候，源極與汲極之間爲 N-P-N 狀態。這時候對汲極施加＋偏壓，對源極施加－偏壓，即在源極與汲極之間形成電位差，也不會產生電流。但是對閘極施加＋偏壓之後，P 型基板上的源極與汲極之間就會透過 SiO_2**氧化膜**（呈現絕緣體性質）形成薄薄的 N 型半導體層。這部分稱爲 N 通道。只要形成 N 通道，就會產生從汲極往源極流動的電流。

　　在 MOS-FET 中，閘極部分爲**絕緣膜**，幾乎不會產生**閘極電流**，所以才會形成由閘極電壓來控制汲極電流的構造。

◤ 雙極電晶體與 FET 的差別

　　雙極電晶體中，電子與電洞兩方都是動作主體，因兩個動作主體才被稱爲雙極（bi-polar）。但只要是 FET，無論是 J-FET 還是 MOS-FET，動作主體載子都只有一種，所以也稱爲**單極**（uni-polar）電晶體。

　　另外，雙極電晶體採用**電流控制方式**，以基極電流來控制射極電流；而單極電晶體則採用**電壓控制方式**，以**閘極電壓**來控制**汲極電流**。這兩者間的不同處就在此。

第3章
CHAPTER 03

電工電路的知識

啊……
今天要吃
什麼好呢？

學長～♪

小彩!?妳怎麼會
在這裡？還不到
社團時間啊……

今天我特地帶了
便當來給學長！

我們一起
吃吧♪

……
謝謝妳啊。

那我就來看看……

在教室吃有點不好意思……到社辦吃沒問題吧？

只要學長喜歡，到哪裡都好！

開

只有白飯!?

怎麼會！

菜我另外準備啦！

呵呵呵♥

這是!!?

看！

鏘鏘～

哇哈～♥

請享用！

這什麼啊!?

我幫學長做的♪

這實在太豪華了……
不知道從哪一道
開始吃起啊……

難道你
不喜歡嗎？

我做的
法式全餐
……

沒啦！
沒這回事！！

我……
我會吃的！！

60

〈克希荷夫第一定律與第二定律〉

這就是「**克希荷夫第一定律**」！

流入單一接點的電力總合為零。

根據這項定律，流往中心點的電流 I_1 和 I_2 的總和，會和流出的電流 I_3 總和相等。

也稱為電流守恆定律。

接著是這張圖。

這張圖表示克希荷夫第二定律，

若起始電力為電壓 E，則等同於在負載 Z_1、Z_2、Z_3 所下降的電壓 Z_1I、Z_2I、Z_3I 之總和。

$$V_1 = Z_1 I$$

$$V_2 = Z_2 I$$

$$V_3 = Z_3 I$$

※為了分辨 Z 與 2，Z 的寫法改為 ℤ

這又是什麼啊？

把它畫成一般的電路圖，並假設接點都有分支。

這張圖跟前面有什麼不一樣呢？

接點 ABCD 的 I ……不一樣了。

嗯！沒錯！

代表這時候起始電力的電壓 E，就等於在負載 Z_1、Z_2、Z_3 所下降的電壓 Z_1I_1、Z_2I_2、Z_3I_3 之總和。

這就是「克希荷夫第二定律」了。

再來就教妳「RLC 並聯電路」吧！

那又是什麼？

首先，

妳看看這個由電阻（*R*）、電感（*L*）、電容（*C*）並聯構成的「*RLC* 並聯電路」。

就是它！

RLC 並聯電路

這個電路的**阻抗**（Impedance）……

硬皮 Dance ！？

閃亮！

阻抗就是電阻的意思啦……我好像還沒有跟妳說明……

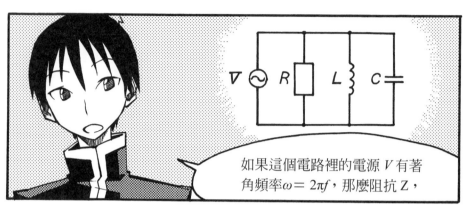

如果這個電路裡的電源 V 有著
角頻率 $\omega = 2\pi f$，那麼阻抗 Z，

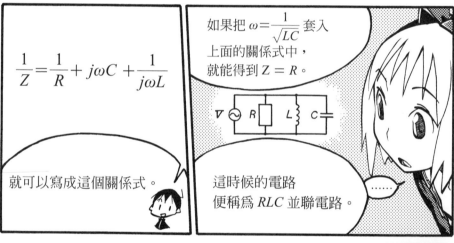

$$\frac{1}{Z} = \frac{1}{R} + j\omega C + \frac{1}{j\omega L}$$

就可以寫成這個關係式。

如果把 $\omega = \dfrac{1}{\sqrt{LC}}$ 套入
上面的關係式中，
就能得到 $Z = R$。

這時候的電路
便稱爲 RLC 並聯電路。

⋯⋯

這有什麼
用處呢？

只要使用它並聯共振的性質，
用**調諧放大器**就可以
對準想聽的電台頻率囉。

3 h 參數等效電路

用克希荷夫定律也不行嗎？那、那該怎麼辦？

不過呢，

電晶體就不能直接進行電路分析了。

必須換成**阻抗、電壓、電流源**來表現。

轉換表示的指標稱爲「**h 參數等效電路**」！

咦！H*!?

不要想歪了喔……

是！

花花公子

學長～

*H：日文中以此表示色情之意。

我們先來看看什麼是「h 參數」。

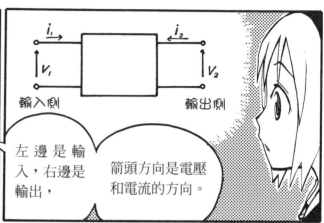

左邊是輸入，右邊是輸出，

箭頭方向是電壓和電流的方向。

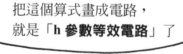

可以寫成這樣的算式。

$$\begin{pmatrix} v_1 \\ i_2 \end{pmatrix} = \begin{pmatrix} h_i & h_r \\ h_r & h_o \end{pmatrix} \begin{pmatrix} v_1 \\ i_2 \end{pmatrix}$$

把這個算式畫成電路，就是「h 參數等效電路」了

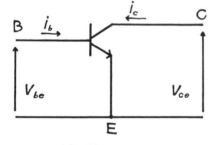

射極接地電晶體

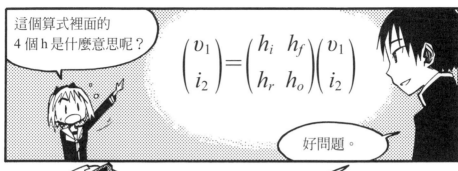

這個算式裡面的
4 個 h 是什麼意思呢？

$$\begin{pmatrix} v_1 \\ i_2 \end{pmatrix} = \begin{pmatrix} h_i & h_f \\ h_r & h_o \end{pmatrix} \begin{pmatrix} v_1 \\ i_2 \end{pmatrix}$$

好問題。

算式裡的 h
分別代表下列這些意思。

喔喔～

h_i ⋯⋯**輸入阻抗**
從輸入側觀察的電阻成分

h_r ⋯⋯**逆向電壓增益**
表示輸入電壓為輸出電壓的倍數

h_f ⋯⋯**電流增益**
表示輸出電流為輸入電流的倍數

h_o ⋯⋯**輸出電感**
從輸出側觀察的電阻成分的倒數

也就是說 h 參數 包含了阻抗因次、阻抗倒數因次，甚至是**無因次數**（無單位數字）等，各種因次的參數喔！ 哇～好像神祕宇宙喔！

話說回來， 妳知道 h 參數的「h」是什麼的縮寫嗎？ 呃，這個…… 就是 hybrid 的 h 啦。

油電混合的 hybrid！感覺又酷又環保呢！ 話先說在前頭，這跟環保可是一點關係都沒有喔……

← 混合制服

以射極接地來說，h 參數等效電路可以表示成 h_{ie}、h_{re}、h_{fe}、h_{oe}。

h 參數等效電路

這裡的關鍵是 h_{fe} 喔。

爲什麼呢？

因爲 h_{fe} 是表示電流**放大率**的數值，

在挑選電晶體的時候，是最重要的因素。

原來是這樣啊！

順便看看 h_{fe} 之外的參數吧！

好！

首先是 h_{re}……在分析過程中 h_{re} 的數值非常小，所以直接省略也沒關係。

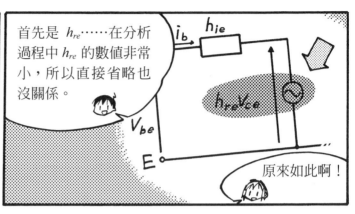

原來如此啊！

另外 h_{oe} 的數值也非常小，於是 $\dfrac{1}{h_{oe}}$ 的數值也就非常大，所以可以這樣說……

…

反過來還是忽略！

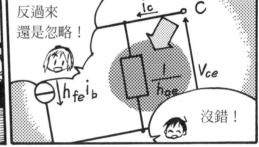

沒錯！

所以前面的圖，

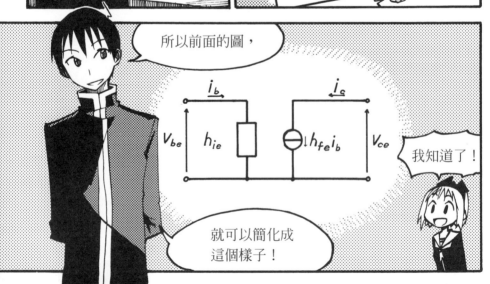

我知道了！

就可以簡化成這個樣子！

74

延伸說明

▷ 電壓源與電流源

電源分為兩種，產生固定電壓的電壓源，和產生固定電流的電流源。圖 3-A1 是一般所使用的電源符號，左邊是直流電壓源，右邊是交流電壓源。一般的定義是電壓源與電流源之中具有內部電阻，所以電力並非無限供應。

直流電源　　　　　　交流電源（電壓源）

●圖 3-A1　一般用的電源符號

圖 3-A2 則表示**理想電源**。以理想電源來說，$v = 0$ 的時候可以當作短路。若 $v \neq 0$，則無論負載大小，都能輸出固定電壓。以理想電源來說，$i = 0$ 的時候可以當作斷路；若 $i \neq 0$，則無論負載大小，都能輸出固定電流。不過理想電源不能作等效轉換。也就是說，電壓源與電流源不能互換，一定要有內部電阻存在，才能互相轉換。

理想電壓源　　　　　　理想電流源

●圖 3-A2　理想電源

▷ 電壓放大率的定義

電壓放大率可以標示為**輸入電壓** v_{in} 與**輸出電壓** v_{out} 的比值。只要比值大於 1，就稱之為**放大**；反之若比值小於 1，就稱之為**衰減**。

$$A_v = \frac{v_{out}}{v_{in}}$$

$$A_v = 20 \log_{10} \left| \frac{v_{out}}{v_{in}} \right| [\text{dB}]$$

電壓放大率有如上兩種寫法。上面的寫法表示一般比例，也可以表示相位。下面的寫法則是以**分貝**[dB]為表示單位，電子電路較少使用，通常會用於訊號處理上。以分貝表示的時候，電壓放大會得到正值，增加 20 分貝等於放大十倍，但相位就無法得知了。

▷ 電流放大率

電流放大率，就是**輸入電流** i_{in} 與**輸出電流** i_{out} 的比值。

$$A_i = \frac{i_{out}}{i_{in}}$$

$$A_i = 20 \log_{10} \left| \frac{i_{out}}{i_{in}} \right| [\text{dB}]$$

電流放大率也有以上兩種寫法。

要探討電流放大率的**頻率特性**時，會將頻率為 $i_{out} = \dfrac{i_{in}}{\sqrt{2}}$ 時的頻率稱為**截止頻率**，在截止頻率時的電流放大率大約為 $-$ 3[dB]。

▷ 有關複數 i 與 j 的標示

在處理**複數**的時候，數學上會寫成 $\sqrt{-1} = i$，但是在電工或電子領域則寫成 $\sqrt{-1} = j$。因為電子電路以 i 來表示電流變數，所以改用 j 才不會搞混。本書既然是討論電子電路，自然也採用 $\sqrt{-1} = j$ 的標示法。

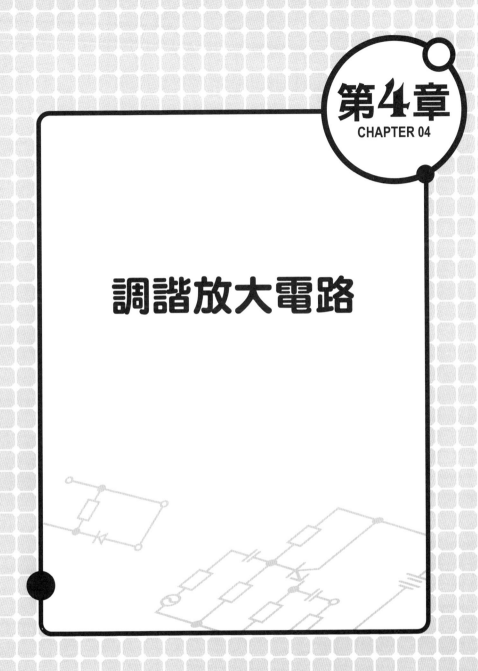

第4章

調諧放大電路

禮拜天

路我記的
一清二楚！
沒問題！

閃亮～！

感覺挺可怕的⋯⋯那女孩

電子通

叮咚～

來了～！

學長～
我到了♪

叮咚～
叮咚～

這裡這裡！

紫電

哇～這就是
學長的房間啊～

沒什麼東西
就是了。

沒那種事！我只要有
學長，其他什麼都不
需要！有你就夠了！

什麼意思啊？

呀～

你還問
什麼意思
……

?

對了！難得妳今天來玩，
就接著做社團活動吧！

小彩也
很喜歡啊！

…

咦咦!?

●圖 4-1　振幅調變波（AM 波）的頻譜

〈振幅調變波的波形〉

振幅調變波的實際波形就像是這個樣子喔。

(a)**載波**（AM 的主要頻率電波）

(b)**訊號波**（由載波所載運的聲音訊號波）

(c)**AM 調變波**（本身就是電波波形）

這些頻譜會變成像前面的圖 4-1 一樣。

哦～

圖 4-1 是配合聲音訊號的強度來改變載波頻率 f_m 的大小。

所以會很像訊號波對吧！

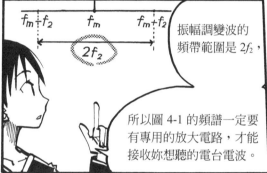

振幅調變波的頻帶範圍是 $2f_2$，

所以圖 4-1 的頻譜一定要有專用的放大電路，才能接收妳想聽的電台電波。

是這樣啊……

這樣的頻率特性就會形成理想的調諧放大電路了。

調諧放大電路的理想頻率特性

對了，
妳會口渴嗎？

啊，
有點……

我去泡茶，
妳稍等一下喔。

碰

東張　西望

徹國中一

徹國中

86

紅茶可以嗎？

！！！

開

怎麼啦？

沒什麼沒什麼！
請繼續！

……嗯。

2 單一調諧放大電路

沒事吧？

？

嗯！

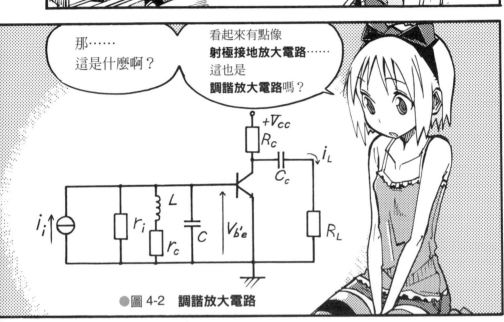

那……
這是什麼啊？

看起來有點像
射極接地放大電路……
這也是
調諧放大電路嗎？

$+V_{cc}$

R_c

C_c

i_L

i_i

r_i

L

r_c

C

$V_{b'e}$

R_L

●圖 4-2　調諧放大電路

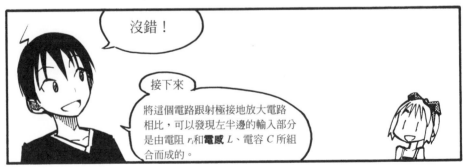

沒錯！

接下來

將這個電路跟**射極接地放大電路**
相比，可以發現左半邊的輸入部分
是由電阻 r_i 和**電感** L、電容 C 所組
合而成的。

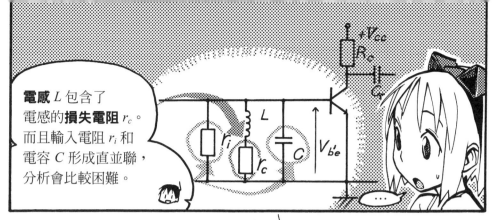

電感 L 包含了電感的**損失電阻** r_c。而且輸入電阻 r_i 和電容 C 形成直並聯，分析會比較困難。

所以我們要將「**電阻** r_c 和**線圈** L 的**串聯阻抗**」，

轉換成「**電阻** R_p 與**線圈** L_p 的**並聯阻抗**」。

為什麼要這樣做呢？

因為這麼一來，就可以將輸入部分看成電阻、電感、電容的並聯電路啦！

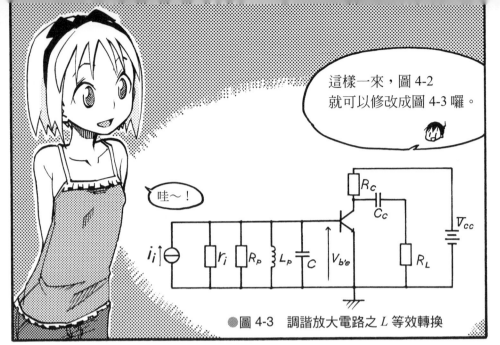

這樣一來，圖 4-2 就可以修改成圖 4-3 囉。

哇～！

●圖 4-3　調諧放大電路之 L 等效轉換

〈短路〉

從圖 4-3 就可以導出「交流等效電路」了。

嗯。

首先，**直流電源** V_{cc} **不含交流成分**，所以可以視為是「**短路**」。

短路……

電容 C_c 在**交流電**之下的阻抗很小，所以也可以當成「**短路**」。

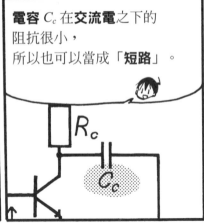

因此圖 4-3 就可以改成這樣！

短路的地方不見了！

●圖 4-4　調諧放大電路轉換為**等效電路**

〈高頻等效電路〉

接下來還可以修改成「**高頻等效電路**」喔。

高頻？

一般電波的頻率太高，人類的耳朵無法分辨。

對！

電晶體部分的「**高頻等效電路**」可以畫成像右圖這樣。

●圖 4-5　電晶體的高頻等效電路

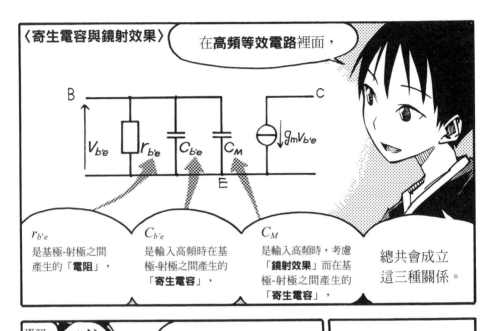

〈寄生電容與鏡射效果〉

在**高頻等效電路**裡面，

$r_{b'e}$	$C_{b'e}$	C_M	
是基極-射極之間產生的「**電阻**」，	是輸入高頻時在基極-射極之間產生的「**寄生電容**」，	是輸入高頻時，考慮「**鏡射效果**」而在基極-射極之間產生的「**寄生電容**」，	總共會成立這三種關係。

那個，

什麼是「寄生電容」啊？

如果是這樣，有 $C_{b'e}$ 不就好了……

「鏡射效果」又是什麼呢？

只要在基極-射極之間加上交流訊號，這個區間就會產生有如電容一般的現象，這就是寄生電容了。

如果輸入高頻……也就是訊號頻率越大的時候，寄生電容也越大。

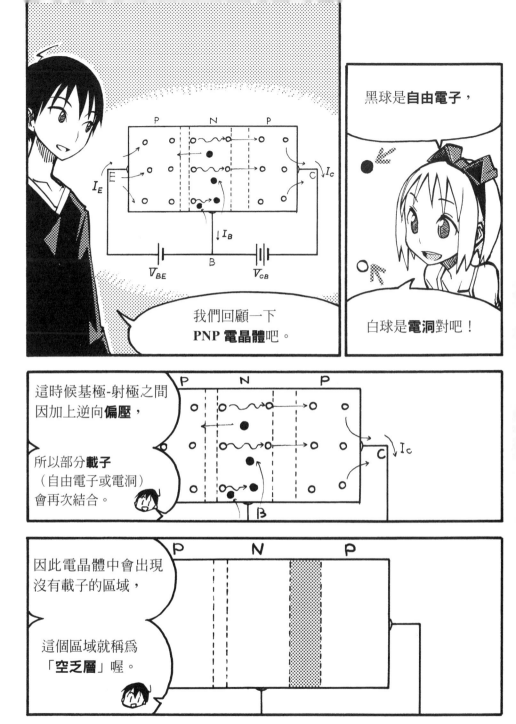

我們回顧一下
PNP 電晶體吧。

黑球是**自由電子**,

白球是**電洞**對吧!

這時候基極-射極之間
因加上逆向**偏壓**,

所以部分**載子**
(自由電子或電洞)
會再次結合。

因此電晶體中會出現
沒有載子的區域,

這個區域就稱為
「**空乏層**」喔。

這個「**空乏層**」
就會發揮電容的功能了。

是喔～

低頻的時候空乏層
電容幾乎不會造成
影響……

但是當進入高頻狀態
後，空乏層的電容就
會突然變大，變成
$g_m R_L$ 倍。

低頻時
（幾乎沒有）

高頻時
（變成 $g_m R_L$ 倍）

換句話說
「**鏡射效果**」
就是指低頻的時候
電容很小，

但是到高頻的時候
電容就突然變大，
這樣妳明白嗎？

好……
我會加油的……

〈高頻等效電路的簡化〉

接下來會有點複雜喔。

是！

閃亮！

前面說明過射極接地放大電路的 h 參數等效電路，

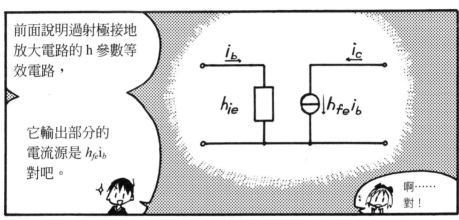

它輸出部分的電流源是 $h_{fe}i_b$ 對吧。

啊⋯⋯對！

但是，就輸入端來說，

思考基極-射極間的電壓 $v_{b'e}$ 會比思考**基極電流**要簡單得多，

所以我們把電流源 $h_{fe}i_b$ 換成 $g_m v_{b'e}$ 來計算。

咻咻～

改變電流源之後，
若用圖 4-5 來畫圖 4-4 的高頻等效電路……

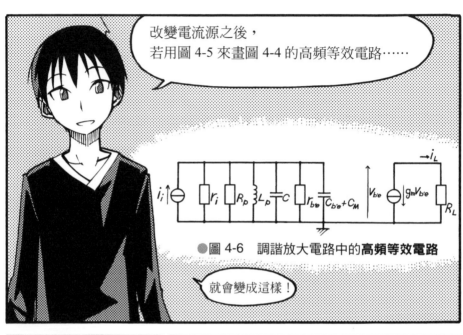

●圖 4-6　調諧放大電路中的**高頻等效電路**

就會變成這樣！

可是 R_C 不見了說……

因為 R_C 比 R_L 大很多，所以 R_C 幾乎沒有電流通過，可以直接忽略。

然後再把並聯的
電容部分整理一下……

$$C' = C + C_{b'e} + C_m$$

再進一步把並聯的
電阻部分整理一下……

$$R = r_i // R_p // r_{b'e}$$

就可以把圖 4-6
簡化成這樣了。

●圖 4-7　調諧放大電路中的
　　　　　高頻等效電路簡化結果

變得簡單多了呢。

調諧放大電路到
這裡大概告一個
段落，

之後要說明的就是
電路的電流放大率
和**頻率特性**了。

好，

麻煩
學長了。

小彩真的
很有心呢。

啊？

嘿嘿嘿
……

感覺像是多了個夥
伴，好開心喔！

夥伴
……
嗎？

之前都沒有人跟我一起玩
社團，感覺好孤單喔。

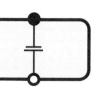

延伸說明

▶ 調諧放大器中電流放大率的頻率特性

圖 4-7（P. 97）中，電流放大率 A_i 可以寫成輸入端電流 i_i 與輸出端電流 i_L 的比值。

$$A_i = \frac{i_L}{i_i}$$

輸入端電流 i_i 和輸出端電流 i_L 可以像這樣表示。

$$i_i = \left\{ \frac{1}{R} + j\omega C' + \frac{1}{j\omega L_p} \right\} v_{b'e}$$

$$i_L = -g_m v_{b'e}$$

把上面的式子整理一下……就會變成這樣。

$$A_i = \frac{-g_m R}{1 + jQ_i \left(\frac{\omega}{\omega_0} - \frac{\omega_0}{\omega} \right)}$$

這裡將共振角頻率（輸入端電流達到最大值時的角頻率）定義為 ω_o，將共振電路的品質因數（此數值越大，就越接近以下狀態：A_i 只在共振角頻率時增加，在共振角頻率之外 A_i 則減少）定義為 Q_i。定義算式如下：

$$\omega_0 = \frac{1}{\sqrt{L_p C'}} = 2\pi f_0$$

$$Q_i = \frac{R}{\omega L_p} = \omega_0 C' R$$

把這結果帶入前面的式子，就會變成推導頻率特性的算式。

$$A_i = \frac{-g_m R}{1 + jQ_i \left(\frac{\omega}{\omega_0} - \frac{\omega_0}{\omega} \right)}$$

讓我們用這個算式來推導調諧放大器的頻率特性吧。

$$|Ai| = \frac{g_m R}{\sqrt{1 + Q_i^2 \left(\dfrac{\omega}{\omega_0} - \dfrac{\omega_0}{\omega} \right)^2}}$$

頻率特性可以寫成這樣，所以能畫成以下的圖。

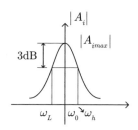

●圖 4-A1　調諧放大電路中，電流放大率的頻率特性

　　圖 4-A1 為頻率特性，其中橫軸表示角頻率 ω（Omega），縱軸表示電流放大率 A_i。

　　從這幅圖來看，角頻率為 ω_0 的時候電流放大率最高，在此之外，無論角頻率更高或更低，電流放大率都會減少。利用這種特性，只要調整電容值，就可以讓想聽的電台頻率 f [Hz]乘上 2π 之後等於 ω_0。這樣就可以擷取想聽的電台頻率了。

ω_h 和 ω_L 分別是最大電流放大率 A_{imax} 減少 3db 之後的頻率，可以寫成下面的式子。

$$\omega_h = \omega_0 + \frac{\omega_0}{2Q_i}$$

$$\omega_L = \omega_0 - \frac{\omega_0}{2Q_i}$$

　　至於頻帶則是 $\omega_h - \omega_L$。頻帶跟（漫畫中的）頻譜圖所示的 $2\omega_m$（$2f_m$）相同則最為理想。

　　以收音機來說，光是以本章所介紹的調諧放大電路來擷取波形，仍無法直接取得聲音。因為調諧放大電路所取得的訊號波形，依然是調變之後的波形。所以必須要從 AM 調變波之中再擷取聲音成分。

◙ 電晶體的高頻等效電路

電晶體的**PN接合**部分會產生**寄生電容**。進入高頻範圍之後，就無法忽略寄生電容。如果將基極與射極之間產生的寄生電容定義爲 $C_{b'c}$，基極與集極之間產生的寄生電容定義爲 $C_{b'c}$，則會出現如圖 4-A2 所示的**電容**。

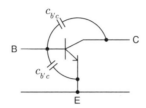

●圖 4-A2　電晶體產生寄生電容的概念圖

圖 4-A3 表示含有寄生電容的電晶體等效電路。也就是在簡化後的等效電路（P. 72）中，基極-射極之間連接了 $C_{b'c}$，基極-集極之間連接了 $C_{b'c}$。

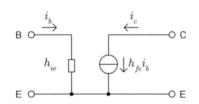

（a）不含寄生電容時，電晶體的等效電路

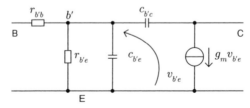

（b）含有寄生電容時，電晶體的等效電路

●圖 4-A3　含有寄生電容的電晶體等效電路

在圖 4-A3 中，$r_{b'b}$ 是**基極電阻**，約 10Ω左右。$r_{b'e}$ 是基極-射極間電阻，與 h_{ie} 同義。為了方便之後的討論，將**電流源** $h_{fe} \cdot i_b$ 改為 $g_m \cdot v_{b'e}$，以 $v_{b'e}$ 來控制。

這時候要考慮到圖 4-A4 所示**射極接地放大電路**的**等效電路**。此電路與第 6 章要討論的等效電路相同，只是在這裡要加入電晶體的寄生電容。第 6 章要討論的頻率只有一般音頻，所以沒有寄生電容的問題。

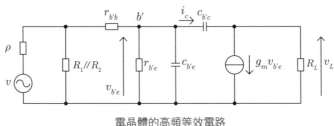

電晶體的高頻等效電路

●圖 4-A4　將圖 4-A3 套用在射極接地放大電路的交流等效電路的電晶體中

在此我們修改圖面，使 $C_{b'c}$ 與 $C_{b'e}$ 並聯。為什麼要做如此的修改呢？因為當 $C_{b'c}$ 與 $C_{b'e}$ 並聯，**合成電容**就等於兩個電容量的和。在 **h 參數等效電路** 中，輸入端 h_{ie} 與輸出端 $h_{fe} \cdot i_b$ 會被分離，可以像第 6 章那樣做簡單的討論。所以這裡也把 $C_{b'c}$ 在內的電路左端，和 $g_m \cdot v_{b'e}$ 與 R_L 的**迴圈**分離，方便電路討論，於是變成圖 4-A5 的形式。

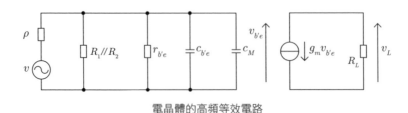

電晶體的高頻等效電路

●圖 4-A5　射極接地放大電路的交流等效電路（修改圖 4-A4 而得）

【從圖 4-A4 轉換為圖 4-A5 的手續】

(1)基極電阻 $r_{b'b}$ 數值太小，可以忽略。

(2)基極-集極間寄生電容 $C_{b'c}$ 所通過的電流如下。

$$i_c = j\omega C_{b'c}(v_{b'e} - v_L)$$

(3)若 $R_L \gg 1/(j\omega C_{b'c})$ ，$g_m \gg j\omega C_{b'c}$，可以忽略流入**負載電阻**的 i_c，結果如下。

$$v_L = -g_m R_L v_{b'e}$$

(4)從上述兩個算式可推得 $i_c = j\omega C_{b'c}(v_{b'e} - v_L) = j\omega C_{b'c}(1 + g_m R_L) C_{b'c}$，所以基極-集極間寄生電容所造成的阻抗 $Z_{b'c}$ 可以寫成下面的式子。

$$Z_{b'c} = \frac{v_{b'c}}{i_c} = \frac{1}{j\omega C_{b'c}(1 + g_m R_L)} = \frac{1}{j\omega C_M}$$

(5)結果 $C_M = C_{b'c}(1 + g_m R_L)$，所以基極-集極間**寄生電容**等於變大為 $1 + g_m R_L$ 倍。這就是所謂的**鏡射效果**，C_M 則稱為**鏡射電容**。

以上過程可以推導出圖 4-A6 所示的電晶體**高頻等效電路**。

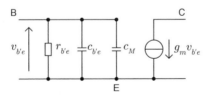

●圖 4-A6　修改後的電晶體高頻等效電路（與圖 4-7 相同）

▷ 阻抗轉換

P. 89 左圖的導納（admittance，阻抗之倒數）Y_1為

$$Y_1 = \frac{1}{r_c + j\omega L} = \frac{r_c - j\omega L}{r_c^2 + \omega^2 L^2}$$

右圖的導納 Y_2為

$$Y_2 = \frac{1}{R_p} + \frac{1}{j\omega L_p}$$

若 $Y_1 = Y_2$ 成立，

$$\frac{r_c - j\omega L}{r_c^2 + \omega^2 L^2} = \frac{1}{R_p} = \frac{1}{j\omega L_p}$$

則實數部分為

$$R_p = \frac{r_c^2 + \omega^2 L^2}{r_c}$$

虛數部分為

$$L_p = \frac{r_c^2 + \omega^2 L^2}{\omega^2 L}$$

這樣就能進行並聯與串聯的轉換。

第5章

解調電路

放學後

電子社
招募
社員

電子社

電子社

拉開

好早啊！

學長！

1 解調與直線檢波電路

收音機做得如何？

正在努力啦……

那再來就一定要學**「解調電路」**囉！

「解調電路」？

調諧放大器只會把想聽的頻道調變波放大，沒錯吧！

喜歡！

擷取！

喜歡

咚！

喜歡

放大！

對呀！

〈解調〉

從放大之後的調變波中再擷取聲音訊號成分，這動作就是「**解調**」。

塞

喜歡！

喜歡！

如果不「**解調**」，還是聽不出聲音喔。

那要怎麼去「**解調**」呢？

〈直線檢波電路〉

要使用「**直線檢波電路**」才能把 AM **調變波**解調喔。

i

V

R

直線檢波電路

左邊是輸入，右邊是輸出對吧！

〈直線檢波的原理〉

我來說明一下直線檢波的原理吧。

好！

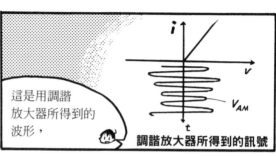

這是用調諧放大器所得到的波形，

調諧放大器所得到的訊號

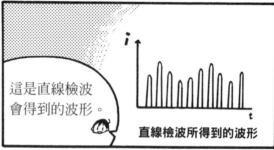

這是直線檢波會得到的波形。

直線檢波所得到的波形

把直線檢波所得的波形，在那個時間點附近取其平均，會得到一個較大的波形，這個大波形就被稱為「解調輸出」。

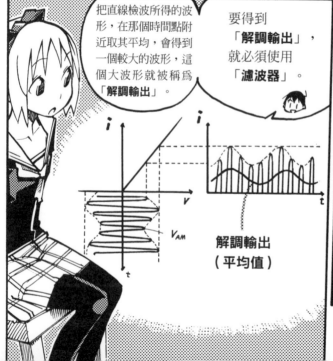

解調輸出（平均值）

要得到「解調輸出」，就必須使用「濾波器」。

我記得濾波器是……

對！

之前有講過，後面還會再詳細解釋。不過在那之前……

妳有沒有感覺到這原理跟什麼很像？

呃……

整流電路！

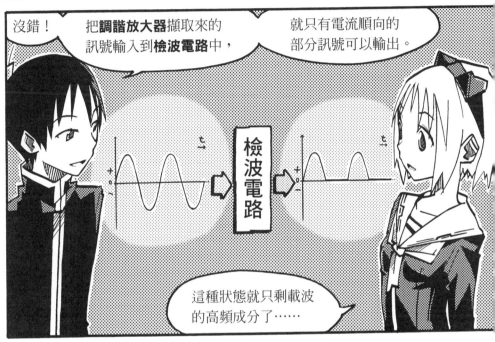

沒錯！ 把**調諧放大器**擷取來的訊號輸入到**檢波電路**中，

就只有電流順向的部分訊號可以輸出。

檢波電路

這種狀態就只剩載波的高頻成分了……

看來妳懂了嘛！

太好啦～♡

所以，只要能得到**整流**後波形的**平均值**就可以了。

2 包跡檢波

接下來，就教妳「**包跡檢波**」吧。

嗯？那是什麼啊？

它就是在直線檢波電路的輸出端電阻上再並聯一個電容，

讓波形可以更接近聲音訊號。

包跡檢波電路

只要讓輸出電壓通過低通濾波器，

就可以得到接近聲音訊號的波形了。

包跡檢波電路所得到的波形

3 濾波器

接著來談濾波器吧。

這裡說的濾波器，就是只有必要訊號成分可以通過，其他成分都會加以隔絕的設備。

嗯。

濾波器分成「**高通濾波器**」和「**低通濾波器**」兩種，

我們先來看看「低通濾波器」吧。

請學長解說！

〈**低通濾波器**〉

「**低通濾波器**」就是只讓低頻成分通過的濾波器。

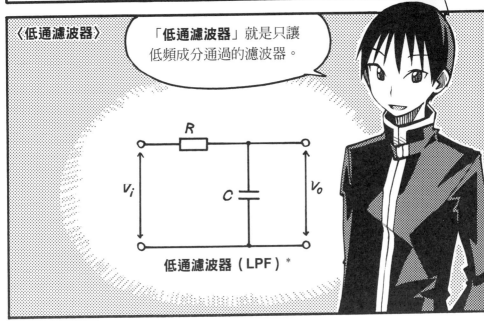

低通濾波器（LPF）*

（*LPF = Low Pass Filter）

假設低通濾波器輸入端電壓為 v_i，輸出端電壓為 v_o，

而電壓增益為 A_v 就會變成這樣。

$$A_v = \frac{V_0}{V_i}$$

$$= \frac{1}{1+j\omega CR}$$

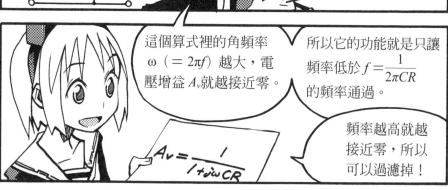

這個算式裡的角頻率 ω（$= 2\pi f$）越大，電壓增益 A_v 就越接近零。

所以它的功能就是只讓頻率低於 $f = \frac{1}{2\pi CR}$ 的頻率通過。

頻率越高就越接近零，所以可以過濾掉！

$$A_v = \frac{1}{1+j\omega CR}$$

〈高通濾波器〉

那……高通濾波器呢？

它只讓高於 $f = \frac{1}{2\pi CR}$ 的頻率通過。

只要把低通濾波器的 R 和 C 交換，就會變成高通濾波器了。

就是低通濾波器的相反囉。

低通濾波器

高通濾波器

原來如此，我懂了！

把濾波器連接到**直線檢波電路**的輸出端後，就能產生人類聽得到的**聲音訊號**了。

收音機終於快完成啦！

對呀！

啊……對了！

小彩，妳今天早上寄的那封信是什麼意思啊？

咦……!?

延伸說明

有關 FM（頻率調變）

本書所探討的收音機是 **AM（振幅調變）型**。在此附帶說明另一種較多人使用的 **FM（頻率調變）型**。

日本 FM 廣播的頻率調變，是使用 76.0～90.0[MHz] 的**載波**，配合訊號強弱來改變發訊電波頻率。所以 FM 調變就是以載波頻率（頻率由電台自行決定，日本的 NHK-FM 在東京的頻率為 82.5[MHz]）為主，根據訊號強弱來改變波形的疏密（頻率高或頻率低）方式。

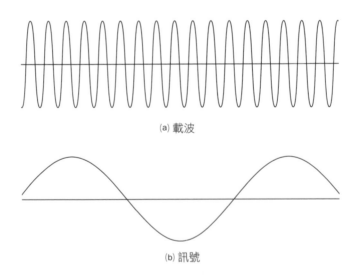

(a) 載波

(b) 訊號

●圖 5-A1　頻率調變的原理

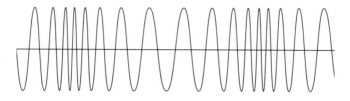

(c) FM 調變波

●圖 5-A2（承上圖）

FM 調變是振幅不變，頻率不斷改變的方式。所以FM 調變波就算混入雜訊，只要知道頻率的疏密度，一樣可以解調，是一種抗雜訊力很強的方式。而且 FM 廣播兩個頻道之間的頻帶寬度可以取到 100kHz，這範圍足以涵蓋聲音訊號的頻帶。所以 FM 比 AM 更不受雜訊影響，頻帶也更廣，更適合廣播音樂。

FM 調變使用 **LC 振盪器**，只要配合訊號來改變 L（線圈電感值）和 C（電容值），就可以進行調變。無線麥克風則是使用**可變電容二極體**來改變 C 值，進行 FM 調變。

低頻放大電路

過了一星期

您所撥的號碼目前無法回應……

從那天起，小彩就再也沒來社團了。

小彩……
是不是不會再來了呢……？

回家吧……

誰啊？這麼晚了還在社辦……

窸窣～

!!

小彩！

等一下！

怎麼啦？這麼晚還一個人在這裡。

收音機……

收音機？

我跟學長的回憶收音機……

想說至少也要把它完成的……

我好高興啊！！

握

咦!?

小彩妳果然很熱情！

沒、沒有啦。

1 何謂低頻放大電路

學長……
那個……
你還願意教我嗎？

若是想完成收音機，一定要了解「**低頻放大電路**」才行。

喀啦

當然啦！
我很高興能幫上忙呢！

收音機要發出聲音，必須把**交流訊號**送給**揚聲器**。

但是交流訊號若太弱，聲音也會小到聽不見。

是啊。

Before

交流訊號君

揚聲器

啊

After

放大電路

揚聲器

啊

「**放大電路**」的功能就是放大交流訊號。

「低頻放大電路」可以分成三種。

1. 基極接地放大電路
2. 射極接地放大電路
3. 集極接地放大電路

嗯……
這些有什麼不一樣呢？

差別就在**接地位置**，

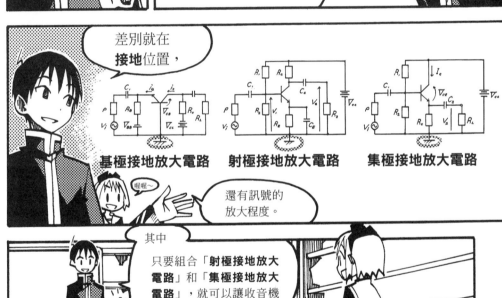

基極接地放大電路　　　射極接地放大電路　　　集極接地放大電路

喔喔~

還有訊號的放大程度。

其中

只要組合「**射極接地放大電路**」和「**集極接地放大電路**」，就可以讓收音機發聲了。

所以我們今天就來說明這兩種放大電路。

好！

2 射極接地放大電路

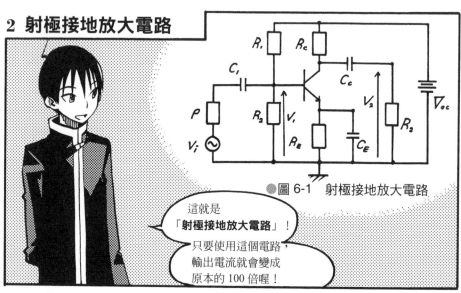

●圖 6-1 射極接地放大電路

這就是
「**射極接地放大電路**」！
只要使用這個電路，
輸出電流就會變成
原本的 100 倍喔！

太棒了！
100 倍！

或許妳會覺得這
樣的**放大作用**就
夠了，不過……

哇～

不會吧……
難道還不夠嗎 !?

空歡喜
一場 !?

實際上，因為它的
輸出阻抗*太大，

就算直接接在**揚
聲器**上，也無法
發出聲音。

哎呀……

揚聲器

射極接地
放大電路

*阻抗＝直流時的電阻

132

〈2-1 等效電路〉

接著來說明一下「**等效電路**」爲何發不出聲音，

只要求出**電流放大率**和**輸出阻抗**，就可以解釋了！

咦？

「**等效電路**」是什麼啊？

等效電路啊，

就是把電晶體替換爲**電阻**（R）、**電感**（L）、**電容**（C）、電源，畫得像是電工電路一樣。

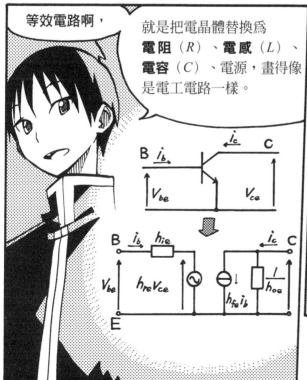

爲什麼要這麼麻煩呢……

因爲電晶體會讓電路的解析變得很麻煩，所以要用這樣的方式來加以簡化。

〈2-2 偏壓電路〉

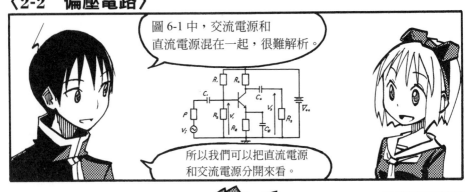

圖 6-1 中，交流電源和直流電源混在一起，很難解析。

所以我們可以把直流電源和交流電源分開來看。

這樣看起來簡明多了！

像這樣只抽取直流電路出來，就稱爲「**偏壓電路**」。

這時，圖 6-1 中的電容阻抗在直流之下爲無限大。

所以電容位置的電路就是斷路囉！

抽出直流成分之後

●圖 6-2 射極接地放大電路的偏壓電路

我們看這個偏壓
電路（圖6-2），
可以發現直流電
源只有一個。

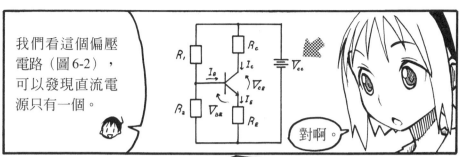

對啊。

所以呢，

用 R_1 和 R_2 把直流
電源電壓 V_{CC} 分
壓，讓電晶體維
持在 ON 狀態。

然後我們再使用
克希荷夫定律，

V_{CC}
$= R_C I_C + V_{CE} + R_E I_E$

就會變成這樣。

再來，

假設流入集極的電子
幾乎都流入射極，也
就是說 $I_C \fallingdotseq I_E$，

V_{CC}
$= V_{CE} + (R_C + R_E) I_C$

那就會變成這樣！

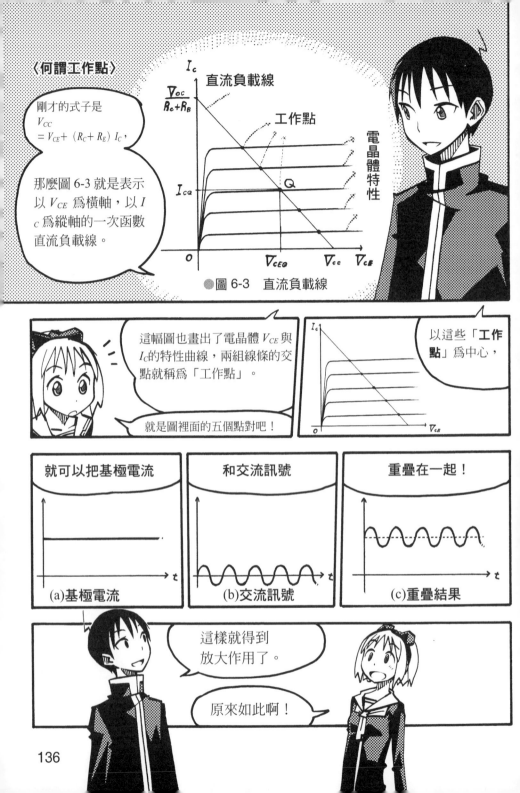

〈何謂工作點〉

剛才的式子是
V_{CC}
$= V_{CE} + (R_C + R_E) I_C$，

那麼圖 6-3 就是表示以 V_{CE} 為橫軸，以 I_C 為縱軸的一次函數直流負載線。

直流負載線

工作點

電晶體特性

●圖 6-3　直流負載線

這幅圖也畫出了電晶體 V_{CE} 與 I_C 的特性曲線，兩組線條的交點就稱為「工作點」。

就是圖裡面的五個點對吧！

以這些「工作點」為中心，

就可以把基極電流

(a)基極電流

和交流訊號

(b)交流訊號

重疊在一起！

(c)重疊結果

這樣就得到放大作用了。

原來如此啊！

136

〈最佳工作點〉

要注意工作點 Q 的位置喔。

是這樣嗎？

工作點若是靠近邊界，離開負載線的波形部分就會變形。

這就是求最佳工作點Q的算式。

$$V_{CEQ} = \frac{1}{2} V_{CC}$$

$$I_{CQ} = \frac{V_{CC}}{2(R_C + R_E)}$$

●圖 6-4　發生**變形**時，V_{CE} 與 I_C 的狀態

所以呢，

要像圖 6-5 一樣，盡量找出最佳工作點。

變形

●圖 6-5　無變形時，V_{CE} 與 I_C 的狀態

〈交流成分的等效電路〉

交流成分等效電路的製作順序就像這樣。

●圖 6-6

交流成分的 $V_{CC} = 0$

1.交流成分中沒有直流電源 V_{CC}，所以視為短路

●圖 6-7

2. R_1 上方的端子與 R_c 上方的端子，電位與接地電位相同，所以能修改成這樣

3.電容容量接近無限大，所以也能視為短路

●圖 6-8

但是這樣可還沒結束喔。

還有其他要做的嗎！？

把電晶體部分換成**射極接地**簡化後的 **h 參數等效電路**……就會變成這樣。

●圖 6-9　射極接地放大電路的交流等效電路

到這裡才能真正開始分析電路對交流輸入可以產生什麼輸出。

好漫長喔。

〈2-4 電流放大率〉

接著來說明「**電流放大率**」吧。

？

那又是什麼呢？

電流放大率 A_i 是表示**輸出電流** i_L 為**輸入電流** i_i 的幾倍。

$$i_L = A_i i_i$$

輸出電流　電流放大率　輸入電流

如果 A_i 大於 1……

$$i_L = A_i i_i$$

輸出就比輸入更大了！

對！
意思就是只要 $A_i > 1$
便有放大效果了！

太棒啦！

〈基極接地電流放大率〉

這裡提到的α是「**基極接地電流放大率**」，屬於常數，幾乎所有電晶體都在 0.95＜α＜1.0 的範圍內。

就是非常接近 1 囉！

如果我們代入 α＝0.99，那 A_i 就是……

選我選我！

$$A_i = \frac{0.99}{1-0.99}$$

所以 $A_i = -99$！

對！

結果會得出**負載電流** i_L 大約是**輸入電流** i_i 的 100 倍。

原來如此！所以才說是 100 倍啊！

第 6 章●低頻放大電路　143

144

在射極接地放大電路的最後,我們來談談阻抗吧。

又出現了!
「硬皮 Dance!」

閃亮～!

〈輸入阻抗 Z_{in} (1)〉

首先是輸入阻抗 Z_{in}。
這是從輸入端觀察的阻抗,
所以要看圖 6-9 的左半邊。

算式就像這樣。

$$Z_{in} = R_1 /\!/ R_2 /\!/ h_{ie}$$

為什麼
裡面沒有
ρ 呢?

ρ 是**輸入訊號源** v_i 的
內部電阻,v_i 和 ρ 等於
合體,所以才看不到 ρ 啊。

〈輸出阻抗 Z_{out}(1)〉

接著來看輸出阻抗 Z_{out} 吧。

哇啊啊♥

是這樣跳的嗎？

輸入訊號 v_i 為零的時候，從輸出端子 R_L 觀察到的阻抗就是 Z_{out}。

這時候因為 $v_i = 0$，所以 $i_b = 0$。

這麼一來，從輸出端子就看不到電流了……？

算式就像這樣！

$$Z_{out} = \frac{v_{out}}{-i_c} \bigg|_{v_i = 0} \rightarrow \infty$$

也就是電流源 $-h_{fe}i_b = 0 \ (= i_c)$ 。

如果輸出阻抗的數值非常大，就算接上揚聲器也發不出聲音喔。

咦？為什麼呢!?

146

因為**揚聲器**的**阻抗**很小，只有 8Ω左右，所以要是輸出阻抗太大，就會把**能量**消耗殆盡了。

嗚嗚……

揚聲器

揚聲器還真辛苦啊……

要是想解決這個問題……

就必須在射極接地放大電路和揚聲器之間，

加入一個輸入阻抗高、輸出阻抗低的小型放大電路了！

閃亮！

好帥喔～！

3 集極接地放大電路

3-1 射極隨耦電路

這個小型放大電路就是「**集極接地放大電路**」,

一般把它稱為「**射極隨耦電路**」。

射極隨　耦電路

「射擊水偶」?

〈緩衝器〉

射極接地放大電路

揚聲器

射極隨耦電路

像這種為了消除兩組電路的影響而插入的電路,就稱為「**緩衝器**」。

緩衝器……

射極接地放大電路連接上射極隨耦電路之後,才能夠發出聲音喔。

射極接地放大電路

射極隨耦電路

揚聲器

這就是射極隨耦電路。

它相當於**運算放大器**中的**輸出段放大電路**。

喔～

●圖 6-11　射極隨耦電路

這是不是很像**射極接地放大電路**啊？

妳知道它們的差別在哪裡嗎？

唔～

集極端子沒有接上電阻，

還有，**射極端子**沒有**偏壓電容**，對吧！

對！

●圖 6-12　射極接地放大電路

〈3-2　偏壓的設定〉

我們來求**射極隨耦電路**的偏壓吧。

太近了啦

直流成分對吧！

圖 6-11 的偏壓電路就像這樣！

●圖 6-13　射極隨耦電路的直流成分

圖 6-12 中，用來決定工作點的**直流負載線**是這樣……

●圖 6-14　射極隨耦電路的直流負載線

這幅圖裡面的最佳**工作點 Q** 是……

$$V_{CEQ} = \frac{V_{CC}}{2} \ , \ I_{CQ} = \frac{V_{CC}}{2R_E}$$

就是這樣囉。

150

〈3-3 交流等效電路〉

那接下來要做什麼呢？

選我！選我！

要推導等效電路！

答對了！

喔喔！

首先把直流電源和電容器視為短路。

●圖 6-15 射極隨耦電路

●圖 6-15(a) 把電容器和直流電源短路

接下來，因為這張圖裡面的 A 和 B 電位相同，

所以集極電極接地。這就是集極接地電路了。

因為 A 和 B 電位相同，所以圖 6-15(a)可以修改成這樣。

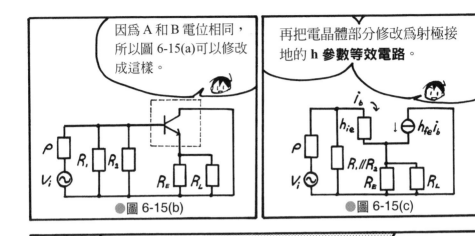

●圖 6-15(b)

再把電晶體部分修改爲射極接地的 **h 參數**等效電路。

●圖 6-15(c)

這樣好像有點複雜呢……

嗯……所以要再修改一下，把負載電阻 R_L 換到右邊來。

●圖 6-15(d)

這樣就簡明多了！

圖 6-15(d)之中有電流源 $h_{fe}i_b$①，而 $R_E /\!/ R_L$加起來有 $i_b(1+h_{fe})$ 的電流通過②。

喔……

所以只要讓 $R_E /\!/ R_L(1+h_{fe})$ 流通電流 i_b，就可以把圖 6-15(d)修改成沒有電流源的圖。

●圖 6-15(e)

那到底是……什麼意思呢？

如果讓 $R_E /\!/ R_L(1+h_{fe})$ 流通電流 i_b，

等效電路就會變得這麼簡單了。

●圖 6-15(f)

變得簡單
多了呢～

這就是射極隨
耦電路的等效
電路推導方法
了……

記住了嗎？

閃亮亮

記……
記住了……

應該吧。

這部分終於
快說完了。

最後再加把勁吧！

是！
我會加油！

呀！

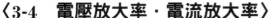

〈3-4 電壓放大率・電流放大率〉

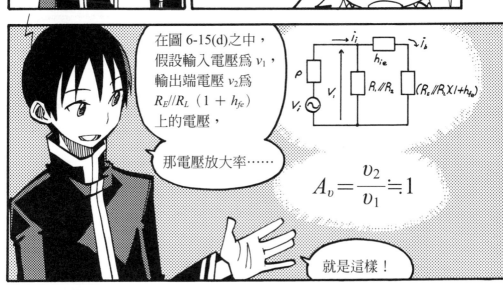

〈電壓放大率〉

接下來要求電流放大率。

好。

但是在這之前要先求射極隨耦電路的「**電壓放大率**」啦。

哎呀……

在圖 6-15(d)之中，假設輸入電壓為 v_1，輸出端電壓 v_2 為 $R_E/\!/R_L$（$1 + h_{fe}$）上的電壓，

那電壓放大率……

$$A_v = \frac{v_2}{v_1} \fallingdotseq 1$$

就是這樣！

所以這個電路的輸出訊號電壓會跟輸入訊號一樣喔。

是喔～

〈電流放大率〉

電流放大率 A_i 就是輸入電流 i_i 與負載電阻 R_L 上之電流 i_L 的比例。

嗯！
這個我還記得……

也就是說！射極隨耦電路的電流放大率……

$$A_i = \frac{i_L}{i_i}$$

$$= 1 + h_{fe}$$

就是這樣！

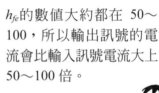

h_{fe} 的數值大約都在 50～100，所以輸出訊號的電流會比輸入訊號電流大上 50～100 倍。

……

原來如此！

所以才叫做「**放大**」啊！

嗯！

那最後就是
……

我們先從輸入阻抗開始吧！

好！

「硬皮Dance！」

對吧！

輸入阻抗 Z_{in}是從圖 6-15（d）輸入端觀察到的阻抗，

$$\left(=\dfrac{v_1}{i_b}\right)$$

$$Z_{in} \fallingdotseq h_{ie}+(1+h_{fe})(R_E /\!/ R_L)$$

所以算出來是這樣，大約是 $R_E /\!/ R_L$ 的 100 倍。

所以很適合連接在**射極接地放大電路**或**基極接地放大電路**的輸出端！

啪 啪

啪～♪

〈輸出阻抗 Z_{out} (2)〉

再來是輸出阻抗！

Oh Yeah！

輸出阻抗 Z_{out} 是指圖 6-15(d) 的（$1 + h_{fe}$）（$R_E // R_L$）左邊的部分。

但是就算 $V_i = 0$，也不代表 $i_b = 0$，所以輸出阻抗 Z_{out} 不會變成無限大。

也就是會變成這樣！

$$Z_{out} = \frac{v_{out}}{i_{out}}$$

$$= \frac{h_{ie} + \rho // R_1 // R_2}{1 + h_{fe}}$$

$$(\fallingdotseq h_{ib})$$

射極隨耦電路的輸出阻抗 Z_{out} 比射極接地放大電路的輸出阻抗要小很多……

所以只要接上**負載電阻** R_L（揚聲器），就可以……發出……夠大的聲音了……

累倒

這樣就能聽到聲音了！

到這裡，電子電路的基礎……

就說完了……

趴倒

太好了！

終於可以完成收音機了！

……小彩真是活力無限啊……

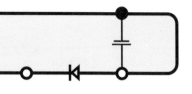

延伸說明

▶ 與分貝[db]的關聯

至於射極接地放大電路的電流放大率 A_i，

也可以這樣處理

$$A_i = 20 \log \left| \frac{i_L}{i_i} \right|$$

這時候的單位是[dB]（分貝）。分貝是用來標示訊號與雜訊的比值（S/N 比），或是標示聲音強度的單位。

如果是 0[dB]，代表輸入與輸出一樣大；如果是 20[dB]，代表輸出訊號強度是輸入訊號的十倍大；如果是 40[dB]，則代表輸出訊號強度是輸入訊號的一百倍大。

所以圖 6-1 所示的射極接地基礎放大電路，若 $h_{fe} = 100$，則其電流放大率就等於 40[dB]。

▶ 為何需要射極隨耦電路？

因為**射極接地放大電路**中，「電阻消費的電力為 P = I²R」。

也就是說，圖 6-A1 連接了輸出阻抗 Z₀ 和負載電阻 R_L，但身為揚聲器的負載電阻 R_L，電阻值比輸出阻抗 Z₀ 小很多。所以如果揚聲器及輸出阻抗上的電流都一樣大，那麼揚聲器的消耗電力就會比輸出阻抗的消耗電力小很多，最後揚聲器幾乎就沒有能量可以轉換出聲音了。

也就是說，整組電路的能量會被輸出阻抗消耗掉，揚聲器分不到能量，那麼揚聲器的消耗電力（聲音能量）當然也微乎其微。

這麼一來，揚聲器便會悄然無聲，所以光靠射極接地放大電路還不足以發揮放大作用。

160

附帶一提，一般揚聲器的阻抗約為 8Ω，但射極接地放大電路的**實際輸出阻抗**卻高達 300kΩ。

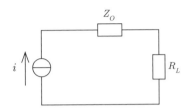

●圖 6-A1　輸出阻抗 Z_0 和負載電阻 R_L

▶ 如果串接射極隨耦電路……

以圖 6-A2 的方式連接射極接地放大器和射極隨耦電路，則整體電路的電流放大率，可以，表示為射極接地放大器的**電流放大率**和射極隨耦電路電流放大率的積。因此如果兩者的放大率都在 100 左右，相乘之後就變成 10,000，可見是非常高的放大率。

●圖 6-A2　串接射極接地放大電路與射極隨耦電路

▶ 串接放大器

本章說明了**射極接地放大電路**與**射極隨耦電路**的串接放大器。接著說明這種放大器的總體**電壓放大率**、**輸入阻抗**及**輸出阻抗**。

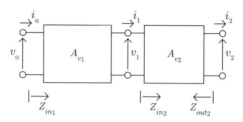

●圖 6-A3　放大器多段連接的概念圖

在圖 6-A3 的情況下，電流放大率可以用以下算式表示。

$$A_i = \frac{i_2}{i_0} = \frac{i_1}{i_0} \cdot \frac{i_2}{i_1} = A_{i_1} \cdot A_{i_2}$$

等於第一段的放大器放大率，乘上第二段的放大器放大率。

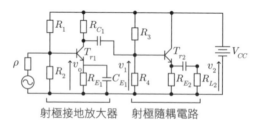

●圖 6-A4　串接射極接地放大電路與射極隨耦電路

所以圖 6-A4 表示的射極接地放大電路與射極隨耦電路串接電路中，會近似成立以下的關係。

串接電路電壓放大率＝射極接地放大電路電壓放大率×射極隨耦電路電壓放大率

之所以說是「近似成立」，是因為兩組電路的**輸入阻抗**、**輸出阻抗**、**偏壓電阻**都不會是無限大，而且也不一定相同。

162

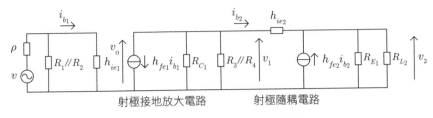

射極接地放大電路　　　射極隨耦電路

●圖 6-A5　圖 6-A4 的交流等效電路

在這組電路中，如果注意射極接地放大電路，並假設射極隨耦電路的輸入阻抗為 Z_{ic1}，則可寫成以下式子。

$$i_0 = i_{b1}$$

$$i_1 = i_{b2} = -h_{fe1} i_{b1} \frac{R_{c1} /\!/ R_3 /\!/ R_4}{R_{c1} /\!/ R_3 /\!/ R_4 + Z_{ic1}}$$

$$A_{i1} = \frac{i_1}{i_0} = -h_{fe1} \frac{R_{c1} /\!/ R_3 /\!/ R_4}{R_{c1} /\!/ R_3 /\!/ R_4 + Z_{ic1}}$$

這裡的 A_{i1}，嚴格來說與射極接地放大電路所求出的 A_i 並不相等。只有 $R_1 /\!/ R_3 /\!/ R_4 \gg Z_{ic1}$ 的時候，$A_{i1} = -h_{fe}$ 才可成立。

另外，射極隨耦電路的部分與前面一樣，$A_{i2} = 1 + h_{fe}$。所以這組串接電路的電流放大率 A_i 如下。

$$A_i = A_{i1} A_{i1} = -h_{fe1}(1 + h_{fe2}) \frac{R_{c1} /\!/ R_3 /\!/ R_4}{R_{c1} /\!/ R_3 /\!/ R_4 + Z_{c1}} \fallingdotseq -h_{fe1}(1 + h_{fe2})$$

等於所有放大器放大率的相乘結果。

輸入阻抗幾乎等於輸入端連接之射極接地放大電路的輸入阻抗。數值大小大約是 3kΩ 左右。

輸出阻抗幾乎等於輸出端連接之射極隨耦電路的輸出阻抗。數值大小大約是 35Ω 左右。

▷ 放大器的高頻特性

在本章的放大器分析中，**電容器**部分可以作以下的近似。

① 直流時，角頻率 $\omega = 0$，故阻抗為 ∞。
② 假設電容量非常大，則交流時的阻抗為 0（也就是電容部分短路）。

　這兩種近似在電子電路分析上有很重要的意義，是讓分析更加簡單的近似手法。但是這兩種近似手法也有極限。一般來說，如果交流頻率非常高，電晶體內部的**空乏層**就會發揮電容效果，而且無法忽視**寄生電容**，這就是有名的寄生電容。所以想探討放大器等效電路的**放大率**等數值，一定要加入寄生電容的電容量所造成的影響。

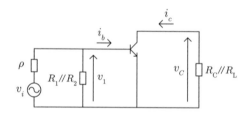

●圖 6-A6　射極接地放大電路的交流成分

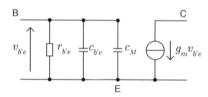

●圖 6-A7　電晶體的高頻等效電路

164

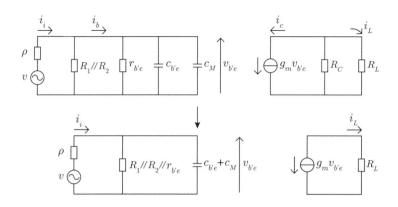

●圖 6-A8　射極接地放大電路的高頻等效電路（$R_c \gg R_L$）

比方說圖 6-A6 所示的**射極接地放大電路**中，把**電晶體**部分換成圖 6-A7，包含**寄生電容**的高頻等效電路，那麼圖 6-A8 的**等效電路**中就含有電容。圖 6-A7 的電晶體高頻等效電路中，$C_{b'e}$ 是基極-射極間的**寄生電容**，C_M 是因為**鏡射效果**而在基極-集極間產生的電容。這時候的**電流放大率** A_i 可以寫成以下的式子。

$$i_i = \left(\frac{1}{R_1 /\!/ R_2 /\!/ r_{b'e}} + j_\omega (C_{b'e} + C_M) \right) v_{b'e}$$

$$i_L = -g_m v_{b'e} \frac{R_c}{R_c + R_L} \fallingdotseq -g_m v_{b'e} \; (\because R_c \gg R_L)$$

$$A_i = \frac{-g_m (R_1 /\!/ R_2 /\!/ r_{b'e})}{1 + j\omega (C_{b'e} + C_M)(R_1 /\!/ R_2 /\!/ r_{b'e})}$$

A_i可以看成角頻率 ω 的函數，

$$\omega = \frac{1}{\{(C_{b'e}+C_M)(R_1 /\!/ R_2 /\!/ r_{b'e})\}}$$

當 ω 超過以上的數值，則 A_i 的絕對值 $|A_i|$ 就會快速減少。這樣一來，進入高頻狀態（角頻率 ω 增加）就會碰到電流放大率降低的問題。這裡所說的高頻，就是訊號頻率比聲音頻率要高很多的意思。調諧放大器所處理的訊號，是特定電台電波的**高頻訊號**，所以電晶體也要換成高頻等效電路來處理。另外，本章所討論的**射極接地放大電路**和**射極隨耦電路**，都只處理音頻程度的訊號，所以高頻特性不會造成問題。

擦身

這、這是什麼感覺啊！？

一見鍾情！

哎呀呀……

我一直…… 都很喜歡你。

……

臉紅～

啊

是這樣啊……

對、對不起！
我就是太笨了……

所以……
那個……

但是如果是跟妳
在一起……

我覺得應該可以
長久喔……

學長……

索引

國家圖書館出版品預行編目資料

世界第一簡單電子電路／田中賢一作；李
漢庭譯. -- 二版. -- 新北市：世茂出版有
限公司, 2022.1
　　面；　公分. --（科學視界 ；264）
譯自：マンガでわかる電子回路
ISBN 978-986-5408-72-5（平裝）

1.電子工程　2.電路

448.62　　　　　　　　　　110018201

科學視界 264

【修訂版】世界第一簡單電子電路

作　　者／田中賢一
審　　訂／葉隆吉
譯　　者／李漢庭
作　　畫／高山ヤマ
製　　作／TREND · PRO
主　　編／楊鈺儀
責任編輯／陳美靜
出 版 者／世茂出版有限公司
地　　址／（231）新北市新店區民生路 19 號 5 樓
電　　話／（02）2218-3277
傳　　真／（02）2218-3239（訂書專線）
劃撥帳號／19911841
戶　　名／世茂出版有限公司　單次郵購總金額未滿 500 元（含），請加 80 元掛號費
世茂官網／www.coolbooks.com.tw
排版製版／辰皓國際出版製作有限公司
印　　刷／世和印製企業有限公司
二版一刷／2022 年 1 月

ISBN／978-986-5408-72-5
定　　價／320 元

Original Japanese Language edition
MANGA DE WAKARU DENSHI KAIRO
by Kenichi Tanaka, Yama Takayama, TREND · PRO
Copyright © Kenichi Tanaka, TREND · PRO 2009
Published by Ohmsha, Ltd.
Traditional Chinese translation rights by arrangement with Ohmsha, Ltd.
through Japan UNI Agency, Inc., Tokyo